ヒトの社会に慣れさせる

イヌにとって、知らないヒトになでられるのはこわいことです。とくに、ほかのイヌとケンカをしたときにかみつかれてケガをしやすい耳の先や鼻の先、足の先、しっぽの先などは、さわられることをいやがります。

ヒトにさわられることに慣れていないイヌは、散歩中に突然知らないヒトになでられたりすると、おどろいて相手にかみついてしまう危険性があります。また、イヌの鼻や足の先をつかむことができないと、歯みがきや健康チェックをしたり、動物病院で診察を受けたりすることもむずかしくなってしまいます。

ヒトもイヌも元気にくらせるよう、ヒトにさわられることに慣れさせましょう。

さわられることが好きな場所・きらいな場所

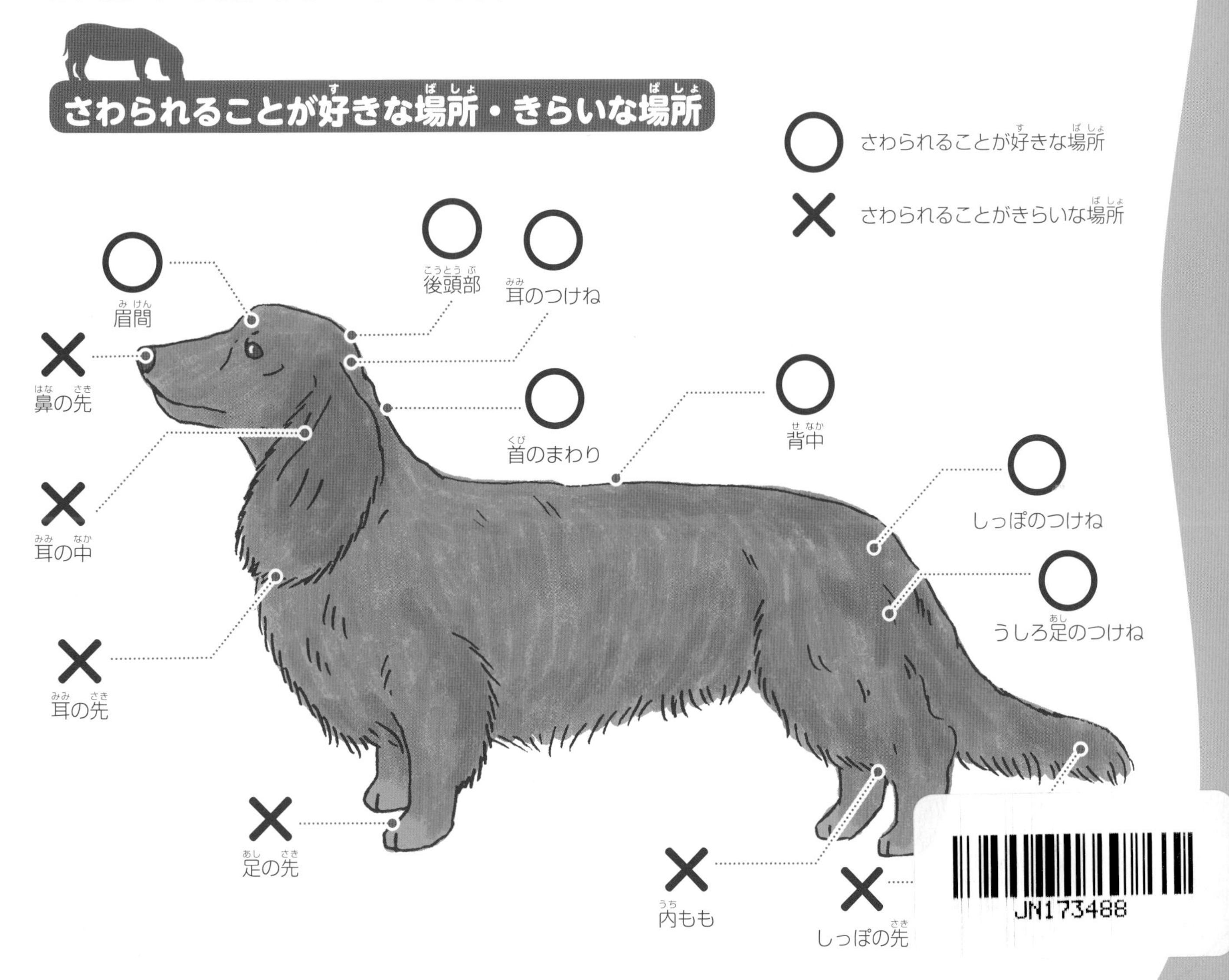

JN173488

なぜ？ どうして？
ペットのなぞにせまる
とっても
わんだふる！
2 イヌのひみつ

今泉 忠明 監修
小野寺 佑紀 著

ミネルヴァ書房

イヌはこんな生き物

役割で10のグループに分けられる

イヌは、2万年以上も前からヒトのパートナーとして生きてきました。ヒトはイヌが本来もっているさまざまな能力を使い分け、よりすぐれたイヌを得ようと改良を重ねてきました。そしてその結果、すがたや能力、役割によって、いくつかのイヌの品種（犬種）のグループができあがってきたのです。

イヌの純血種は、一般的に10のグループに分けられています。このうち、猟犬の仲間のグループがもっとも多くあります。そのほか、家畜を守るイヌ（牧羊犬・牧畜犬）や、ヒトのためにはたらくイヌ（使役犬）のグループもあります。また、なにかの仕事をするというよりは、家族としてかわいがられるためのイヌ（愛玩犬）も、1つのグループをつくっています。

医療に役立つイヌ

近年、イヌの能力が期待される新しい分野が生まれてきました。それは医療です。病院のような場所に動物が入りこむことは、これまででは考えられないことでした。

注目されているイヌの能力のひとつは、すぐれた「においをかぐ」能力（嗅覚）で病気を発見することです。イヌには、ヒトのはく息やおしっこのにおいから、がんにかかっているかどうかを判断する力があるという報告がなされているのです。がんの患部からでる特殊な物質のにおいをかぐことで、がんを見つけていると考えられていますが、そのしくみはまだ正確にはわかっていません。

もうひとつの能力は、「ヒトをいやす力」です。落ち着いた行動をとれるよう訓練を受けたイヌを使います。こうしたイヌを見たり、さわったりすることで、ヒトの心がいやされ、生きる活力が得られると考えられています。心がいやされることで、実際にある種の病気がよくなることもあるのです。このようなイヌによるいやしは、「ドッグ・セラピー」や「アニマル・セラピー」と呼ばれています。

イヌの 10 グループ

① 牧羊犬・牧畜犬

ヒツジやウシなどの家畜をまとめたり、誘導したりするイヌ。ラフ・コリー、ウェルシュ・コーギー・ペンブロークなど

② 使役犬

ヒトのためにはたらく番犬や救助犬、護衛犬など。闘犬もこのグループにふくまれる。ドーベルマン、マスティフなど

③ テリア

地中の巣穴に入り、キツネやアナグマなどを穴から追いだす猟犬の仲間。ジャック・ラッセル・テリアなど

④ ダックスフンド

地上と地中でアナグマなどを追う猟犬の仲間。ダックスフンドのみで1グループをつくる

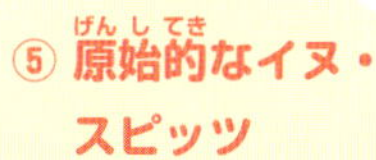

⑤ 原始的なイヌ・スピッツ

野生イヌ（→p.6）に近いイヌや、立ち耳でとがった顔が特徴のイヌ（スピッツ）。サモエド、柴など

⑥ 嗅覚ハウンド

においで獲物を追う猟犬の仲間。獲物を見つけると、ほえて知らせる。ビーグル、ダルメシアンなど

⑦ ポインター・セター

鳥やウサギを狩る猟犬の仲間。ブリタニー・スパニエル、アイリッシュ・セターなど

⑧ そのほかの鳥猟犬

猟師がしとめた鳥を回収する猟犬の仲間。水場ではたらくイヌもふくまれる。ラブラドール・レトリーバーなど

⑨ 愛玩犬

小さくてかわいらしいイヌ。「抱き犬」とも呼ばれる。狆、パグ、チワワ、マルチーズなど

⑩ 視覚ハウンド

すぐれた視覚と走力で獲物を追い、しとめる猟犬の仲間。サルーキ、イタリアン・グレーハウンドなど

もくじ

この本の見方

この本は、古くから私たちヒトとくらしてきたイヌについて、「イヌとヒトのつながり」「イヌのふしぎ大研究！」「世界のイヌ大集合！」の３章構成で解説しています。

第１章 イヌとヒトのつながり

今から２～３万年ほど前からではないかと考えられているイヌとヒトとのつながりについて、楽しい絵と文章で学べます。

第２章 イヌのふしぎ大研究！

ペットとしてイヌを飼うために、知っておきたいイヌのふしぎについて、イラストと文章で解説しています。

データ
体高・体重（おとなのイヌ）と特徴・性格などを解説しています。

犬種名

第３章 世界のイヌ大集合！

ペットとしてのイヌは、世界各地で品種育成されています。そのなかの代表的な犬種を、イラストと文章で解説しています。

イラスト
イヌの特徴や性格を、楽しいイラストで表現しています。

イヌとヒトの出会い

イヌの起源は、原始的なオオカミだったと考えられています。

約２万年前、中央アジア（現在のモンゴルのあたり）でヒトといっしょに狩りをする野生イヌ（想像図）

ヒトと野生イヌの集団生活

ネコやウマなどのほかの動物にくらべて、イヌは品種がとても多いことで知られています。現在、その数は400種類以上にのぼります。

これらのさまざまなイヌたちの起源は、原始的なオオカミから分かれた野生イヌであると考えられています。正確な時期はわかっていませんが、今から２～３万年ほど前には、野生イヌはヒトといっしょにくらしていたようです。

当時のヒトは集団で狩りをしてくらしていました。野生イヌも同じく集団で狩りをしてくらす動物であったため、ヒトとのくらしになじみやすかったのだと考えられています。そして、

野生イヌのうちのあるものがヒトといっしょに狩りをしたり、ヒトが狩った獲物の残りをもらったりしはじめたようです。

集団でくらす動物にとって、おたがいの考えを伝え合うことは大変重要です。野生イヌは声や表情、からだの動きを使って感情を豊かに表現します。また、野生イヌは群れのボスにきちんと服従します。これらの習性は、ヒトとうまくやっていくことにも向いていたのでしょう。

おとなの野生イヌはヒトになつきにくいので、当時のヒトは、子どもの野生イヌを自分たちで育てて慣れさせたようです。早くからヒトに慣れた野生イヌは、ヒトと家族のようにくらせるようになりました。

はたらくイヌたち

ヒトの目的に合わせて、イヌの能力や性格を利用しました。

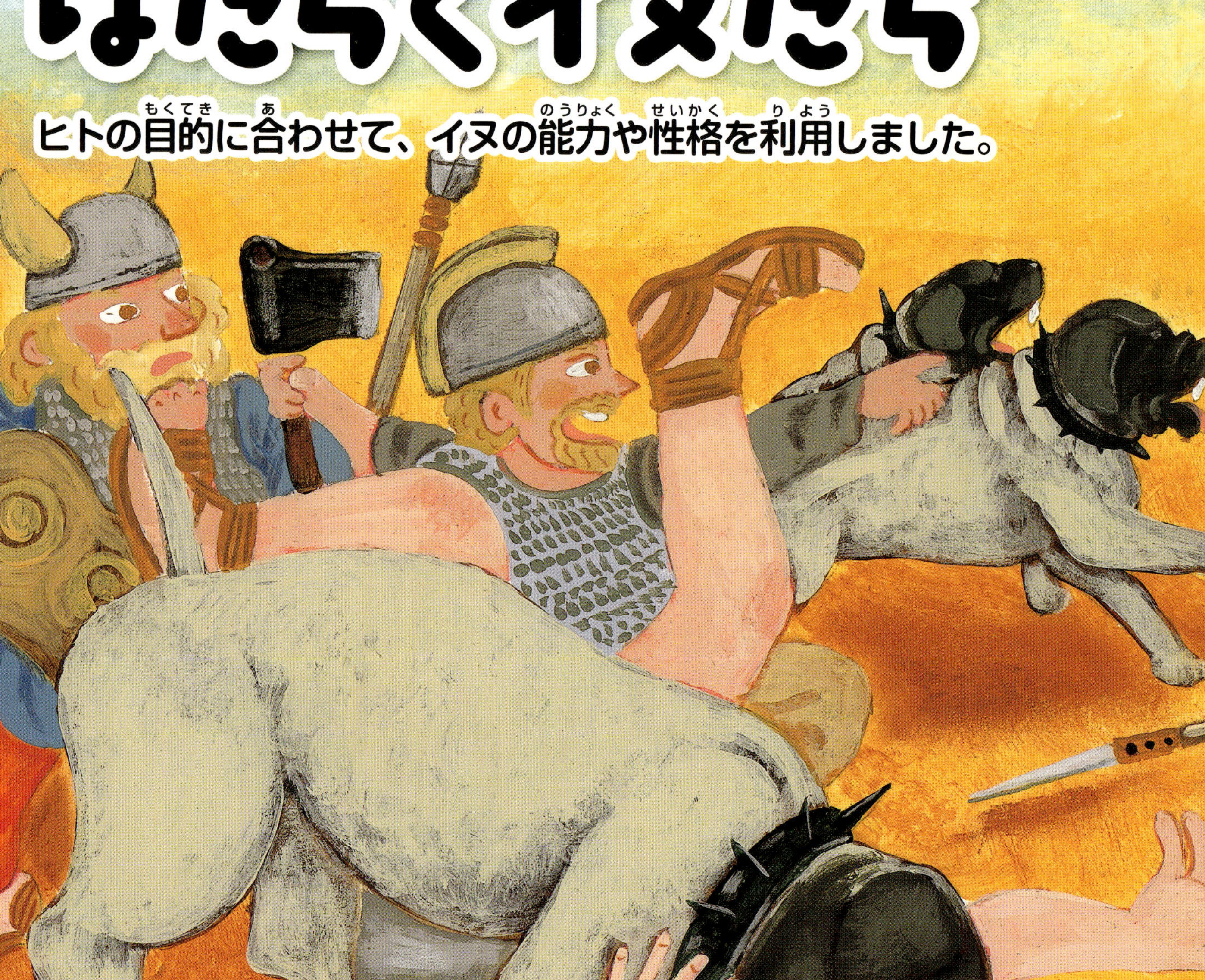

紀元前1世紀ごろ、ケルト人といっしょにローマ人とたたかったイヌ、マスティフ（想像図）

牧畜犬や猟犬の誕生

ヒトに飼われるようになった野生イヌは、個体＊によってそれぞれ能力や性格が異なります。より足の速いものや、視力のすぐれたものがいたことでしょう。ヒトはこれらの野生イヌを、能力や性格によって選んで育てました。

このように選び育てることにより、今から1万年ほど前には、野生イヌとは異なる能力を備えたイヌがあらわれました。たとえば現在のシベリアン・ハスキー(→p.36)に似たイヌは、そり犬として寒い地域でそりを引く力仕事ができました。また、家畜の番をする牧畜犬も、古くからいたと考えられています。

さまざまな特徴をもつ猟犬も生みだされました。視覚で獲物をとらえるイヌもいれば、においを元に獲物を見つけるイヌもいます。それぞれの能力を利用して、とくにイギリスではお金持ちの貴族が趣味の狩りのために、ウサギ狩り用のイヌ、水鳥をとらえるためのイヌなど、いろいろな猟犬を育てました。

あるとき突然、からだがとても小さなイヌや大きなイヌが生まれることがあります。このような突然変異も、新しい犬種の誕生につながります。たとえば「マスティフ」というイヌは、突然変異で生まれた大型のイヌだと考えられています。マスティフは番犬や猟犬、軍用犬として活躍しました。

＊個体：1匹の動物のこと

ドッグ・ショーの流行

世界最初のドッグ・ショーが開催されたのはイギリスでした。

19世紀後半、ロンドンで開催された初期のドッグ・ショー(想像図)

「理想的なイヌ」を見せ合う

世界でもっとも古くから犬種に関心をもち、熱心にさまざまな犬種をつくってきたのはイギリスだといわれています。

イギリス人は自分の飼っている猟犬や牧畜犬の能力の高さをじまんするため、多くの人が集まる場にイヌを連れてきて、見せ合いました。この見せ合いが発展し、1859年には世界最初の本格的なドッグ・ショーが開催されました。出場したのは60頭の猟犬でした。

ドッグ・ショーが盛んになり、犬種も増えつづけていくと、これらをとりまとめる組織が必要になりました。そうして1873年に「ケネルクラブ」という機関がイギリスで創設されました。ケネルクラブは、ドッグ・ショーのルールや血統証明書をつくったり、「犬種標準（スタンダード）」を定めたりしました。

犬種標準とは、ある犬種の耳の大きさやかたち、体格やしっぽの長さなど、その犬種の理想的なすがたを決めたものです。ドッグ・ショーでは、出場したイヌが犬種標準とどれだけ同じなのかが、ひとつの評価となるのです。

忠犬ハチ公

ハチは10年近く駅へ通い、帰らぬ飼い主を待ちつづけました。

渋谷駅で上野博士の帰りを待つハチ（想像図）

上野博士とハチ

東京の渋谷駅にあるハチ公像のモデルとなった「ハチ」は、秋田生まれの秋田犬で、生後50日で東京大学教授の上野英三郎博士の家へもらわれてきました。「ハチ公」は上野博士の教え子たちがハチにつけた呼び名です。

ハチは上野博士と八重子夫人に大切にかわいがられ、成長していきました。ふだん上野博士は、大学まで歩いて通っていて、ハチはその送りむかえをしていました。また、上野博士が列車で遠くへ出かけるときには、ハチは渋谷駅までいっしょについて行きました。

しかしそんな生活は、突然終わりをむかえま

す。上野博士が亡くなってしまったのです。ハチが東京へやってきた1年半後のことでした。

しばらくすると、渋谷駅でハチが目撃されるようになりました。ハチは朝と夕の1日2回、渋谷駅へ行って改札口から少しはなれたところに座り、駅に出入りする人たちをじっと見ていたのです。近所の人からいたずらをされたり、追いはらわれたりすることもありましたが、ハチは駅に行くことをやめませんでした。そしてハチの駅通いは、10年近くもつづきました。

昭和10（1935）年3月8日、ハチが渋谷駅の近くで亡くなっているのが発見されました。ハチのお葬式には、3千もの人がかけつけたそうです。

宇宙に旅立ったイヌ

イヌたちの活躍によって、宇宙開発が進みました。

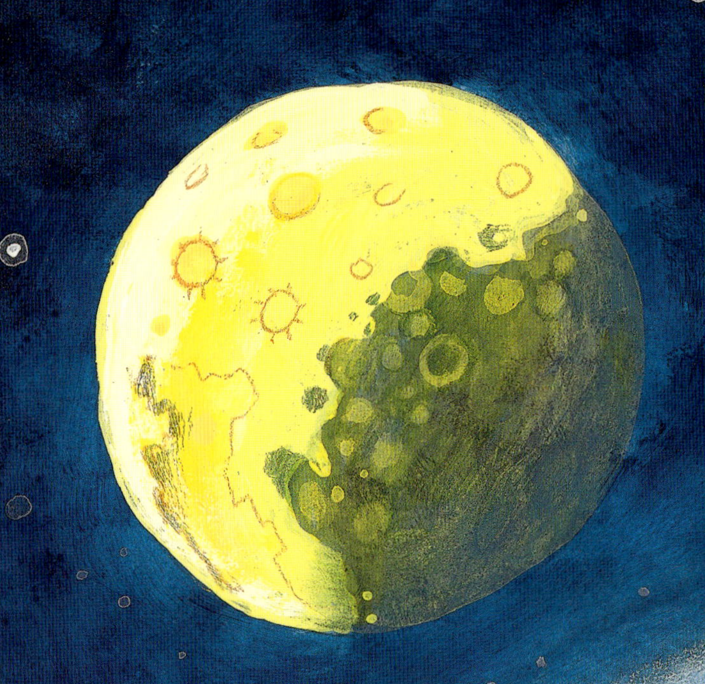

実験に使われたイヌ

1950年代、アメリカとソビエト連邦（ソ連、現在のロシア）は宇宙船の開発を競争していました。当時はまだ、宇宙空間でヒトが生きられるのかどうかがわからなかったので、それぞれの国では、動物を使って宇宙に行く実験をおこないました。

アメリカはおもにサルとネズミを使って実験をおこないましたが、ソ連はイヌを使いました。イヌはサルよりも落ち着いていると思われたからです。

1951年から1952年の間に、合計９匹のイヌが宇宙へ旅立ちました。宇宙船は、密閉した容

スプートニク2号で地球を周回するライカ（想像図）

器に入れられたイヌを乗せて高く飛び上がり、宇宙へ到達してから落下します。このときパラシュートが開いてゆっくりと地球にもどり、イヌは回収されました。

1957年11月、ソ連の宇宙船スプートニク2号に「ライカ」という名前のイヌが乗せられました。ライカは道でひろわれた雑種のイヌでした。スプートニク2号はそれまでの実験のように打ち上げられて落下するだけでなく、地球を周回することに成功しました。こうしてライカは、世界ではじめて地球をまわった動物となったのです。

その後もソ連はイヌを宇宙へ送り、1966年には21日間宇宙に滞在させることに成功しました。

からだのふしぎ

「においをかぐ」能力は、最大でヒトの1億*倍！

イヌの色の見え方

ヒトには赤く見えるチューリップの花は、イヌには別の色に見えている

イヌに聞こえる音、見えない色

イヌは、ヒトには聞こえないくらい高い音と低い音を聞き取ることができます。犬笛というヒトにはほとんど聞こえない高い音を出せる笛が、イヌの訓練に使われています。

イヌの視力は、ネコの半分くらいともいわれ、とくに近くを見ることは苦手です。しかし、遠くを見ることは得意で、はるかかなたにいる獲物の状態を見きわめることも可能です。

イヌは、ヒトほどさまざまな色を見分けることはできません。とくに、赤色はよく見えないといわれ、黄色と青色で物を見ていると考えられています。

＊1億：100000000。1万を1万倍した数

イヌのすぐれた鼻のひみつ

なんといってもイヌは、「においをかぐ」能力（嗅覚）がすぐれていることで知られています。そのため、ほかのイヌの性別や年齢、健康状態など、多くのことをおしっこのにおいから知ることができるのです。

「においをかぐ」とは、空気中をただようにおいの分子が鼻の中の粘膜にとけこみ、その情報が神経を通って脳にとどくということです。

イヌの鼻の粘膜の面積は、ヒトの数十倍の広さがあるともいわれます。つまりイヌの鼻の中には、においを受け取る神経（嗅神経）が、それだけたくさんあるということです。においの種類にもよりますが、最大でヒトの1億倍もの嗅覚をもちます。

このすぐれた嗅覚を利用して活躍しているのが警察犬です。わずかなにおいから犯人を追ったり、証拠を探し出したりできるのです。

イヌの鼻のしくみ

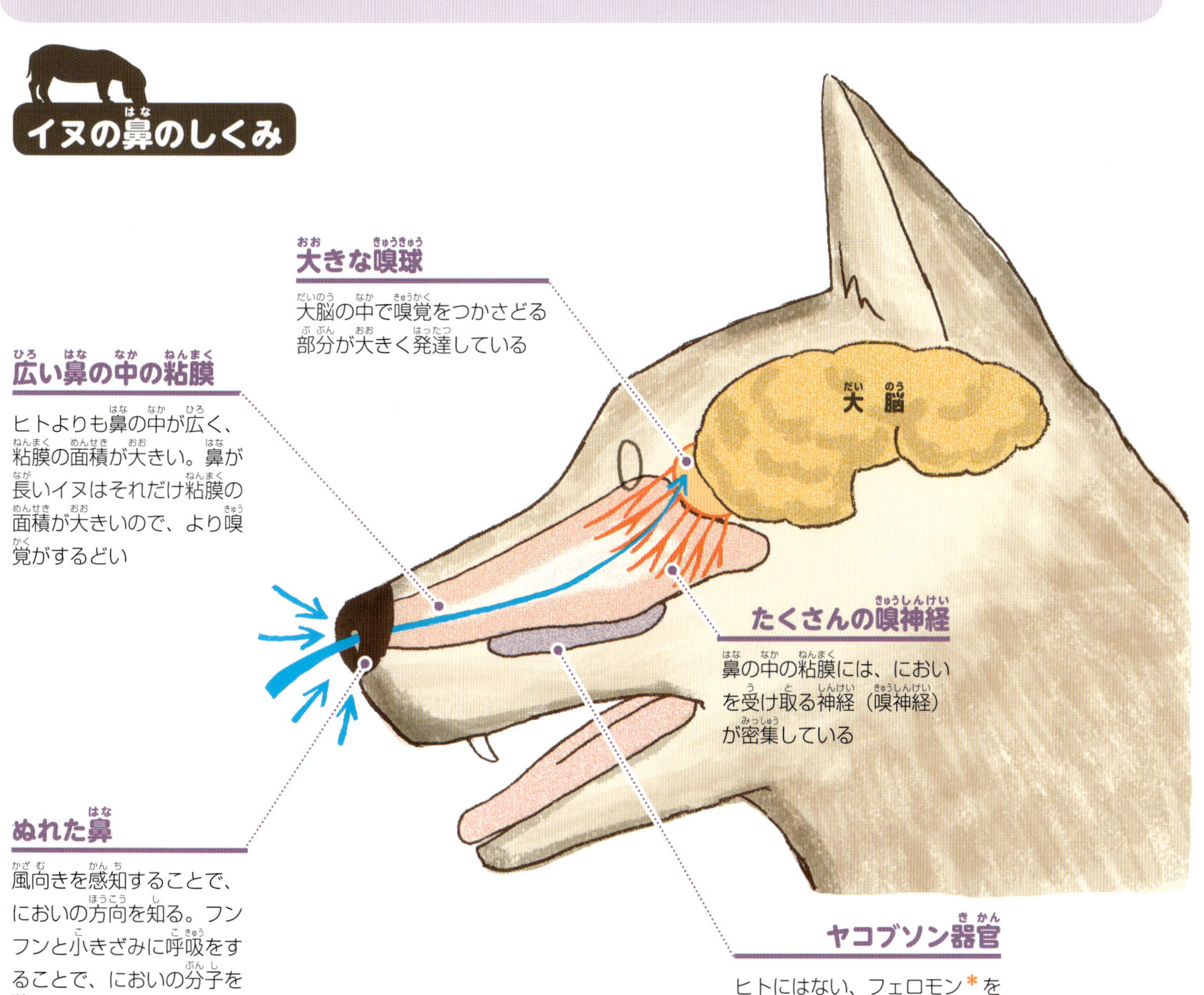

大きな嗅球
大脳の中で嗅覚をつかさどる部分が大きく発達している
広い鼻の中の粘膜
ヒトよりも鼻の中が広く、粘膜の面積が大きい。鼻が長いイヌはそれだけ粘膜の面積が大きいので、より嗅覚がするどい
大脳
たくさんの嗅神経
鼻の中の粘膜には、においを受け取る神経（嗅神経）が密集している
ぬれた鼻
風向きを感知することで、においの方向を知る。フンフンと小きざみに呼吸をすることで、においの分子を鼻からすばやく、たくさん取り込む
ヤコブソン器官
ヒトにはない、フェロモン＊を感じ取る能力を備えている

＊フェロモン：動物が情報を伝えるためにからだの外にはなつ、においなどの化学物質

動きのふしぎ

イヌの表情や動きを読み取って、よりよい関係をきずこう。

②ふせる

落ち着かせるイヌ語

自分が落ち着きたいとき、相手を落ち着かせたいときは、①～⑥のイヌ語（カーミング・シグナル）を使う。とくに、不安で落ち着きたいとき、こわがっている相手を落ち着かせたいときは、④・⑤を使い、怒っている相手を落ち着かせたいときは、⑥を使う

①顔をそらす

③地面のにおいをかぐ
（環境の変化を知るときも地面のにおいをかぐ〈→p.21〉）

④舌で鼻先をぺろっとなめる

⑤あくびをする
（ねむたいときもあくびをする）

⑥しっぽを振る
（うれしいときもしっぽを振る）

イヌ語によるコミュニケーション

ヒトが言葉を使ってコミュニケーションをとるように、イヌはからだ全体や耳、しっぽ、鳴き声、表情などの合図を使ってコミュニケーションをとります。

ノルウェーのドッグ・トレーナー、テゥーリッド・ルーガスは、イヌには自分やまわりのイヌ、そして飼い主を落ち着かせるためのイヌ語があることを発見しました。それらは「カーミング・シグナル」と呼ばれています。みんなが落ち着くことによってケンカをさけ、よい関係をきずこうとしているのです。たとえば、顔や視線を相手からそらせてゆっくりと動いたり、ふせたりすることは「落ち着こう」という意味のカーミング・シグナルです。

相手の目を見てすばやく向かっていくことは「争いをしよう」という意味になります。イヌ語を知らないヒトや、イヌ語をうまく使えないイヌは、仲よくするつもりでも、このような行動をとってしまいます。

イヌを飼うときはさまざまなイヌ語を理解して行動しましょう。また、イヌを落ち着かせたいときには、飼い主もカーミング・シグナルを使えば気持ちが通じることでしょう。

おどすイヌ語

相手をいかくし、ケンカをしようとしているときは、⑦～⑨のイヌ語を使う

⑦相手の目を見つめ、すばやくまっすぐ近づく

⑧ほえる

⑨上からおおいかぶさる

くせのふしぎ

ボールを追いかけてしまうのは、
狩りをしていたなごり！

イヌのさまざまな習性

ボールを追いかける

ボールなどのおもちゃのほかに、小動物や走っているヒト、自動車などを追いかけようとするイヌもいる

なわばり

家で飼われているイヌにとっては、家や庭が重要ななわばりなので、近づくヒトに対してほえたり、とびかかったりしてしまうことがある

マーキング

通常のおしっこと見分けがつかないことも多いが、マーキングの場合はひんぱんに少量のおしっこをすることが特徴

生まれつき備わった習性

多くのイヌは、ボールを投げると追いかけたり、ひろってきたりします。これは、生まれつきイヌには狩りの習性が備わっているためです。猟犬として品種育成されたイヌは、ボールに激しく反応しますが、牧畜犬として育成されたイヌは、まったく反応しないこともあります。ペットとして飼われるようになっても、生まれつき備わった習性はいくつも残っています。

イヌを散歩に連れて行くと、あちこちに何度も少量のおしっこをすることがあります。これは、自分のおしっこにふくまれるにおいを使ってなわばりを示したり、異性にアピールしたりするための行動で、「マーキング」といいます。

イヌには、自分の群れのねぐらやその周辺をなわばりとして守り、外敵を追いはらおうとする習性があります。そのため、おしっこのにおいでなわばりを示して、これ以上近づくなとほかの動物にアピールするのです。

イヌは散歩のあいだ、地面に鼻をつけてにおいをかぎますが、これもイヌ本来の習性です。ゆっくりと歩きまわってにおいをかぎ、自分のくらしている環境やその変化を知ろうとしているのです。

イヌはおとなになってもイヌどうしで遊び合います。子イヌは遊びのなかで、相手のからだに乗りかかって、腰を押しつけるような動きをすることがあります。これは「マウンティング」といい、興奮を示す行動です。

地面に鼻をつけてにおいをかぐ

知らないものがあると、よくにおいをかぎ、かんでみたりもする

遊び

イヌどうしの遊びで、追いかけっこをしたり、かみつきあったりするなかで、相手にケガをさせない力の入れ方を学ぶ

マウンティング

子イヌは遊んでいるとき、興奮すると相手にマウンティングをする。なかにはおとなになっても、ヒトの足などにマウンティングをして、飼い主をこまらせるイヌがいる。イヌがよけいに興奮してしまわないよう、怒ったりさわいだりせず、静かに注意しよう

くらしのふしぎ

ルールをしっかり決めることで、
イヌは安心してくらせます。

ルールを守らせる

イヌと家族が守るべきルール

①飼い主のからだの上に乗せない
②ヒトよりも高い位置にのぼらせない
③ヒトと同じベッドで寝かせない
④食卓にある食べ物をあたえない
⑤飼い主が座っているところにやってきたとき、場所をゆずらない

イヌと家族のルール

イヌを家にむかえたときから、そのイヌは家族のことを群れと見なします。そして飼い主は、その群れのリーダーとして行動することになるのです。

家族のなかでルールを決めて、みんなでそれを徹底して守るようにします。イヌにもそのルールを守らせるようにすることで、適切な関係をきずくことができます。イヌがルールを守ったらごほうびをあたえ、ルールをやぶったらそれがよくないことだと伝えるようにしましょう。また、「待て」「おすわり」などの決まった言葉で命令を出し、それに従わせる訓練もおこないましょう。

イヌの行動はすべて、飼い主の行動によって決まるといわれています。イヌにとって理想の飼い主は、落ち着いていて、リーダーシップがあり、イヌの言葉や行動に理解のある人です。イヌと飼い主がおたがいを尊重しあえる関係をきずくことで、イヌは自然と飼い主のいうことを喜んで聞くようになるでしょう。

ルールを守ったときのごほうび

①食べ物をあたえる
②ほめたり、なでたりなどしてイヌとふれあう
③遊んであげたり、散歩に行ったりする

ルールをやぶったとき

①イヌがとびついてきたときは、背中を向けて無関心なふりをする。とびつくことをやめたら、ごほうびをあたえる
②イヌをおびえさせるだけなので、どなったり、たたいたりしてはいけない
③ストレスがかかりすぎているのではないかなど、ルールをやぶった原因も探そう

イヌとよい関係をきずくための訓練

「おすわり」の訓練

いつでもどこでも、さまざまな命令を聞けるように訓練するとよい。ただし、乗り気でないイヌにむりやり訓練をさせる必要はない

①イヌの鼻のすぐ前におやつを持っていき、においをかがせる。次に、おやつを鼻先から頭の上に動かし、おやつにつられて鼻を上げるようにする

②イヌが頭を上げることで腰が下がり、座るしせいになったら、ほめてごほうびのおやつをあたえる。イヌがそのまま座っていられたら、さらにほめる

③座るしせいができるようになったら、手の合図や「おすわり」の言葉で座るように訓練する

元気のふしぎ

イヌとふれあいながら、
健康チェックをしよう！

イヌの健康管理

歯みがき

口元をおさえ、イヌ用歯ブラシでみがく。毎日みがくことが望ましい

目のチェック

白目が赤くなっていたり、目がにごっていたりしないか見る。長毛のイヌの場合、目のまわりの毛が目に入ってしまうこともあるのでよく注意する

耳そうじ

耳の中を見て、耳あかや毛がたまっていたら脱脂綿でそうじする。とくに耳のたれたイヌはこまめにそうじをするとよい

健康管理と病気の発見

飼っているイヌにはずっと元気でいてもらいたいものです。そのためには、イヌの習性を学んだり、健康診断を受けさせたりすることが必要です。予防接種*を受けたり、フィラリア*の予防薬をあたえたりすることで、病気を防ぐこともできます。

年齢や体重にあった適切なエサと、遊びや散歩などの運動は、イヌの健康にとって欠かせません。食べる量や食べ方、遊びへの関心の示し方など、いつもと変わったことはないか、日ごろからチェックするようにしましょう。

ブラッシングやシャンプーは、イヌの健康

*予防接種：日本では狂犬病予防法により毎年１回狂犬病予防ワクチンの接種が義務づけられている。そのほか、ジステンパーやイヌアデノウイルスなどの感染症を予防できるワクチンもある
*フィラリア：寄生虫の一種。イヌやネコの心臓や肺の血管に取りつく

毎日の健康チェック

ふれあうとき

急に体重が増えたり減ったりしていないか、体型に変わったところはないか、1か所だけをずっとなめたり、かいたりしていないかを見る

散歩のとき

喜んで運動をするか、おしっこやウンコの状態や量に変わったところはないかを見る

エサを食べているとき

エサはよく食べるか、食べすぎていないか、また、水を飲みすぎたり、まったく飲まなかったりしないかを見る

にもよく、飼い主とのふれあいの時間にもなります。このときにイヌのからだにさわって、傷やしこりがないか、寄生虫*などがいないかチェックすることもできます。歯みがきにも慣れさせて、歯や口の中の状態を確認しましょう。

このように飼い主が注意していても、イヌが病気になってしまうことがあります。食べたものをはいたり、げりをしたり、異常にからだがかゆそうなときは、動物病院で診察してもらいましょう。

* 寄生虫：動物のからだの中や皮ふに取りつき、栄養をもらいながらくらす生き物。回虫、鉤虫、フィラリアなど

日本とアジアのイヌ

柴は日本の天然記念物*に指定されています。

柴

Shiba

データ

巻き尾が特徴

体高	35～41センチメートル
体重	7～11キログラム
特徴・性格	古くから日本にいる小型のイヌで、もともとは猟犬として活躍していました。国の天然記念物に指定されています。活動的で陽気な性格のかしこい犬種です。がんこな面もあるので、ルールを守ることを根気よく伝えましょう。

狆

Chin

データ

日本古来の愛玩犬

体高	約25センチメートル
体重	2～3キログラム
特徴・性格	日本に古くからいる愛玩犬です。飼い主といつもいっしょにいたいという気持ちが強いイヌで、おとなしく、せまい空間でもくらせます。こわがりな面があるので、子イヌのうちからいろいろな環境に慣れさせせましょう。

*天然記念物：文化財保護法によって保護するように定められた動物、植物、地質・鉱物、地域

※体高・体重は、オスとメスの差や個体差があるため、おとなのイヌの標準値を示している

パグ
Pug

データ

顔がしわだらけの小型犬

体高	28～33センチメートル
体重	6～8キログラム
特徴・性格	社交的で、ヒトもほかのイヌも好き。ほがらかな性格で、とても飼いやすい中国原産の愛玩犬です。

シー・ズー
Shih Tzu

データ

中国語で「小さなライオン」

体高	22～26センチメートル
体重	5.5～7キログラム
特徴・性格	チベット地方原産で長毛の愛玩犬です。毛を頭の上で結んでおしゃれをさせることもあります。どんな環境でも落ち着きがあり、友好的です。

チャウ・チャウ
Chow Chow

データ

番犬向きの顔と性格

体高	41～55センチメートル
体重	18～22キログラム
特徴・性格	番犬や猟犬、そり犬などとして古くから中国で飼われていた犬種です。飼い主には愛情深いイヌですが、ひとなつこくはありません。

イギリスのイヌ

イヌを愛するイギリス王室のもと、
多くの犬種が育てられてきました。

ラフ・コリー
Rough Collie

『名犬ラッシー』で有名

体高	56～66センチメートル
体重	23～34キログラム
特徴・性格	祖先はイギリスやスコットランドにいた豊かな毛が特徴の牧羊犬です。運動が大好きで、さまざまな訓練にも適応できるかしこいイヌですが、神経質な面もあります。

ウェルシュ・コーギー・ペンブローク
Welsh Corgi Pembroke

イギリス育ちの胴長短足

体高	25～30センチメートル
体重	8～11キログラム
特徴・性格	かつてはウシやヒツジを追う牧畜犬として活躍していたため、家畜がけっても当たりにくいように短い足に品種育成されています。性格は明るくて活発です。

ラブラドール・レトリーバー
Labrador Retriever

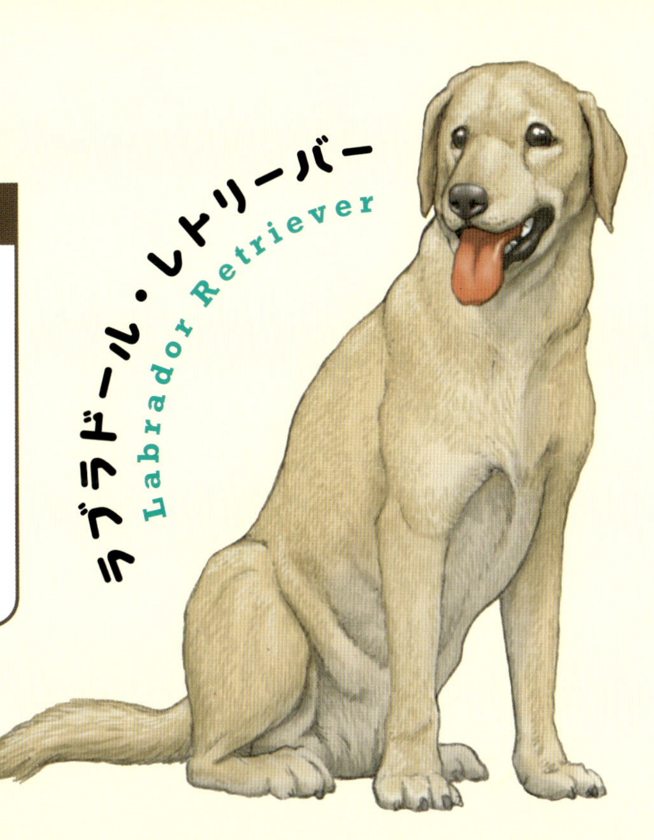

データ

すぐれた集中力で仕事をこなす

体高	54～62センチメートル
体重	24～36キログラム
特徴・性格	猟犬や警察犬、盲導犬として活躍しているイヌです。仕事をしたり、ヒトを喜ばせたりすることが大好きな、やさしい性格の持ち主です。

ビーグル
Beagle

データ

長くたれた耳が特徴

体高	33～38センチメートル
体重	8～14キログラム
特徴・性格	するどい嗅覚とさまざまなほえ声でウサギ狩りをおこなってきた猟犬です。「スヌーピー」のモデルとなりました。愛情深く、かしこいイヌです。

ブルドッグ
Bulldog

たたかうためにつくられたこわい顔

体高	30～35センチメートル
体重	23～25キログラム
特徴・性格	かつては闘牛犬としてはたらいていました。愛情深く、のんびりした性格ですが、がんこな面もあります。

ドイツのイヌ

警察犬として有名なジャーマン・シェパード・ドッグは、ドイツ出身のイヌです。

ジャーマン・シェパード・ドッグ
German Shepherd Dog

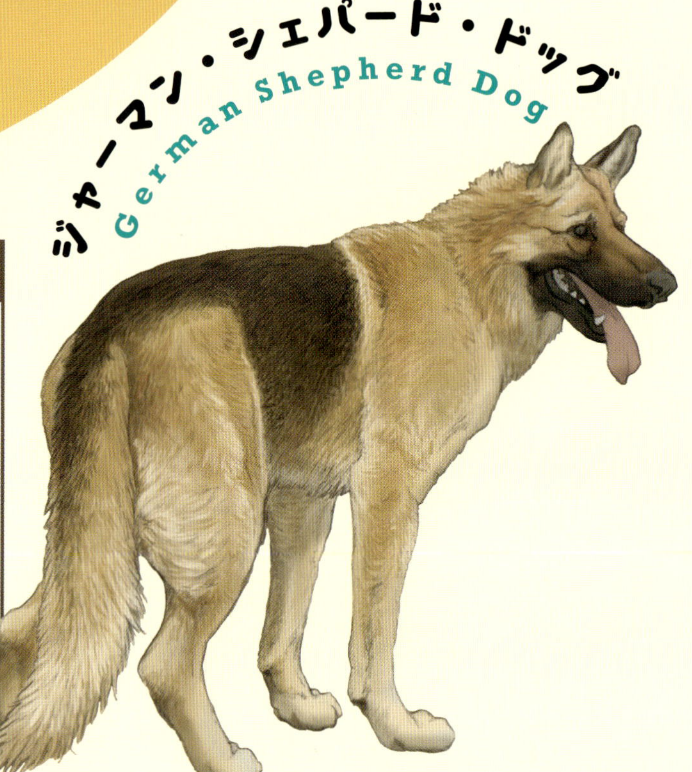

ドイツを象徴する	
体高	56 ～ 66センチメートル
体重	35 ～ 40キログラム
特徴・性格	世界でもっとも人気のある犬種の1つ。最良の作業犬をめざして品種育成されました。牧羊犬や警察犬、軍用犬、盲導犬として活躍しています。学習するのが得意で、落ち着きがあり、勇気も兼ね備えたイヌです。

ドーベルマン
Dobermann

データ

飼い主を守ることが得意	
体高	61 ～ 71センチメートル
体重	30 ～ 45キログラム
特徴・性格	ドイツ人の税金徴収官ドーベルマンが、自分を守るためにつくりだした犬種です。現在では、警察犬や軍用犬として活躍しています。尊敬できる飼い主に対しては忠実で、訓練もよくこなします。日ごろからよく運動をさせ、頭も使わせるようにしましょう。

ミニチュア・シュナウザー
Miniature Schnauzer

データ

まゆとあごにふさふさの毛をもつ

体高	30～35センチメートル
体重	4～8キログラム
特徴・性格	もとは農場でネズミとりをしていた犬種です。しつけやすく、飼いやすいイヌです。活発な面もあり、運動や遊びが好きです。

ポメラニアン
Pomeranian

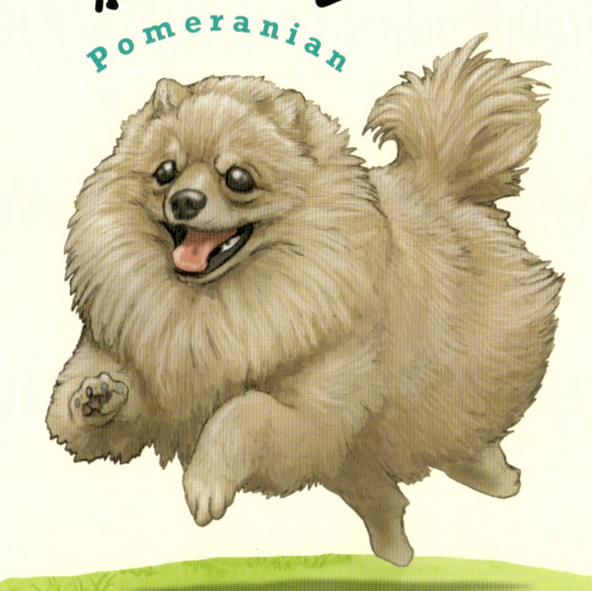

データ

小さいけれど気は強い

体高	18～28センチメートル
体重	1.8～3キログラム
特徴・性格	元気がよく、愛情深い小型犬です。気が強い面もあるので、わがままにならないよう、しつけが必要です。

スタンダード・ダックスフンド
Standard Dachshund

データ

胴長短足で有名

体高	20～23センチメートル
体重	9～12キログラム
特徴・性格	もとは、アナグマやウサギの巣にもぐりこんでつかまえる猟犬でした。とても活動的で頭のよい犬種です。用心深い一面もあります。

フランスのイヌ

かわいらしいトイ・プードルも、
もとは狩猟犬でした。

データ

ぬいぐるみのような小型犬	
体高	約25センチメートル
体重	3～4キログラム
特徴・性格	カモの猟犬としてはたらいていたプードルのうち、小型のものから品種育成して生まれました。毛がどんどんのびるので、こまめに毛を刈る必要があります。とても頭がよいので、いろいろな芸を覚えます。神経質な面があり、飼い主の家族のなかで1人だけと強いつながりができるようになりがちです。

データ

長い毛におおわれた牧羊犬	
体高	56～68センチメートル
体重	23～45キログラム
特徴・性格	古くからフランスで牧羊犬として活躍してきた犬種です。長い毛がもつれないよう、定期的にブラッシングが必要です。はたらくことと散歩が大好きです。

ブリアード
Briard

パピヨン
Papillon

データ チョウのような耳をもつ

体高	20～28センチメートル
体重	1.5～3キログラム
特徴・性格	見た目の美しさからフランスの貴族に愛されてきた愛玩犬です。かわいらしいだけでなく、元気でやさしく、運動も得意な小型犬です。

ブリタニー・スパニエル
Brittany Spaniel

データ エネルギッシュな猟犬

体高	45～52センチメートル
体重	14～18キログラム
特徴・性格	万能な猟犬として欧米を中心に活躍しています。とても活動的なイヌで、運動と頭を使う仕事を好みます。

フレンチ・ブルドッグ
French Bulldog

データ こわいもの知らずの小型犬

体高	28～36センチメートル
体重	8～14キログラム
特徴・性格	小型のブルドッグから品種育成して生まれた犬種です。強気な性格で、興奮しやすい一面もあります。

世界のイヌ①

原産国の気候によって、寒さに強いイヌ、弱いイヌがいます。

マルチーズ
Maltese

データ

歴史ある白い小型犬	
原産国	イタリア
体高	20～25センチメートル
体重	1.8～4キログラム
特徴・性格	数千年前の古代ギリシア時代から知られている小型犬です。絹のように美しく長い毛で全身がおおわれています。ほがらかな性格で、だっこされるのが大好きです。

セント・バーナード
St. Bernard

データ

救助犬として活躍した	
原産国	スイス
体高	65～90センチメートル
体重	55～81キログラム
特徴・性格	スイスとイタリアの国境にあるグラン・サン・ベルナール峠で飼われ、雪山で遭難した人を探して助ける仕事をしていました。のんびり、おっとりした性格です。広い空間で、気ままに過ごすことを好みます。

サモエド
Samoyed

データ

笑っているような顔をする

原産国	ロシア
体高	48 ~ 60センチメートル
体重	16 ~ 30キログラム
特徴・性格	シベリアの遊牧民族サモエド族に飼われていた猟犬・そり犬の血を引く犬種です。ノルウェーやイギリスなどの南極探検隊の作業犬として活躍していたことでも知られています。

ダルメシアン
Dalmatian

データ

全身に美しい斑点をもつ

原産国	クロアチア
体高	48 ~ 58センチメートル
体重	22 ~ 25キログラム
特徴・性格	馬車と並んで走る護衛犬としてはたらいていたこともある、エネルギッシュな犬種です。かしこく、社交的です。

イタリアン・グレーハウンド
Italian Greyhound

データ

からだは細いがじょうぶな小型犬

原産国	イタリア
体高	33 ~ 38センチメートル
体重	3 ~ 5キログラム
特徴・性格	ヨーロッパの貴族に愛された犬種で、走ることが得意です。おだやかで愛情深く、好奇心おう盛なイヌです。

世界のイヌ②

日本でも人気のあるチワワは、
メキシコ出身です。

ボストン・テリア
Boston Terrier

データ

アメリカ犬界の紳士

原産国	アメリカ
体高	35 ～ 38センチメートル
体重	7.7 ～ 11.5キログラム
特徴・性格	ブルドッグとブル・テリアを交配*させてつくられた犬種です。元気がよく、遊び好き。社交性があり、ヒトといっしょにいることを好みます。

シベリアン・ハスキー
Siberian Husky

データ

そり犬としての体力と協調性をもつ

原産国	アメリカ
体高	51 ～ 57センチメートル
体重	16 ～ 27キログラム
特徴・性格	もともとはシベリアでそり犬としてはたらいていましたが、アメリカに渡って有名になりました。左右の目の色が異なる「バイアイ」の個体が生まれることがあります。感情豊かな性格で、群れでの生活を好むので、家族やほかのイヌといっしょにくらすことが欠かせません。

*交配：オスとメスをかけあわせること。ここでは、イヌの品種育成のためにおこなわれることをいう

チワワ
Chihuahua

世界最小の犬種

原産国	メキシコ
体高	16～22センチメートル
体重	2.5～3キログラム
特徴・性格	小さなからだが特徴の、長生きする犬種です。強気な性格なので、わがままにならないよう、よくしつけをする必要があります。

ペルービアン・ヘアレス・ドッグ
Peruvian Hairless Dog

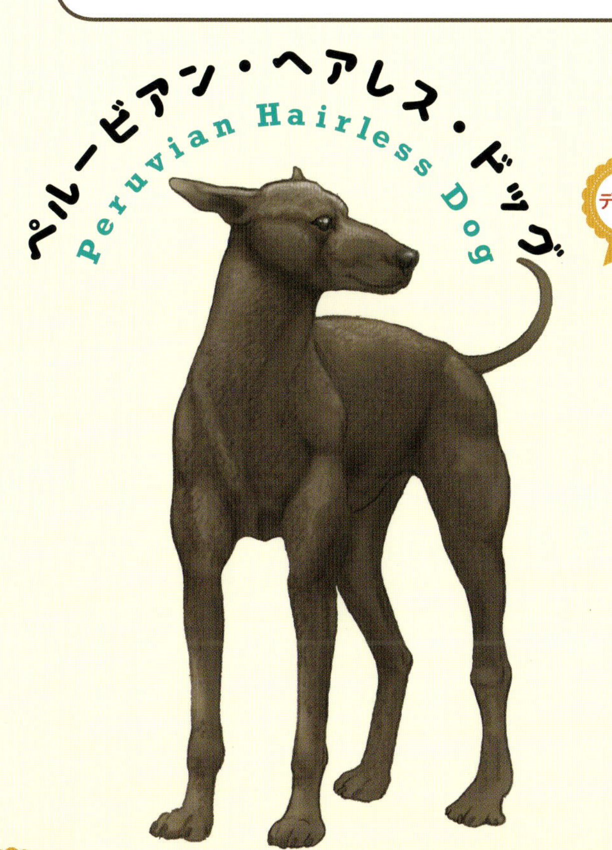

データ

インカ帝国以前からいたイヌ

原産国	ペルー
体高	41～50センチメートル（中型）
体重	8～12キログラム（中型）
特徴・性格	何千年も前から知られている、毛がほとんどないイヌです。大型・中型・小型の種があります。用心深く、見知らぬヒトには気をゆるしません。

サルーキ
Saluki

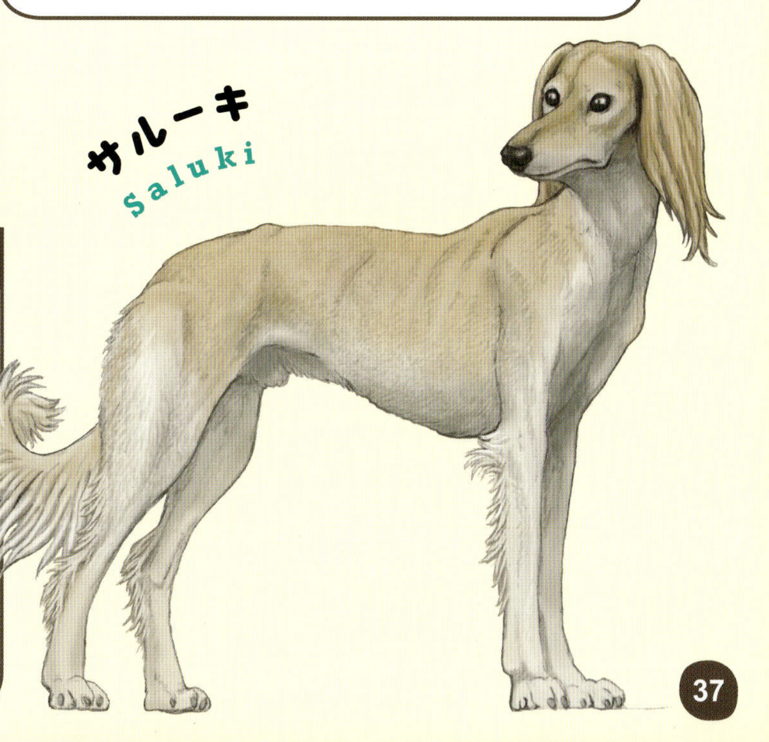

俊足で獲物を追う

原産地	中東
体高	58～71センチメートル
体重	23～27キログラム
特徴・性格	もっとも古い犬種の1つで、今も猟犬として活躍する大型犬です。落ち着きと集中力を兼ね備えていて、自分で考えて行動することを好みます。

さくいん

あ行

か行

さ行

た行

な行

は行

ま行

や行

ら行

※赤文字の用語は、赤数字のページに＊で説明をおぎなっています。
※青文字の犬種は、第3章で原産国、体高、体重、特徴・性格を解説しています。

監修者

今泉 忠明（いまいずみ ただあき）

1944 年東京都生まれ。東京水産大学（現・海洋大学）卒業、国立科学博物館でほ乳類の分類や生態について学ぶ。環境庁（現・環境省）のイリオモテヤマネコの生態調査などに参加。「ねこの博物館」館長。定期的に東京・奥多摩で動物の観測・調査をおこなっている。おもな著書に『野生ネコの百科』（データハウス）、『気をつけろ！猛毒生物大図鑑』（ミネルヴァ書房）、『「もしも?」の図鑑　危険動物との戦い方マニュアル』（実業之日本社）、『おもしろい！　進化のふしぎ　ざんねんないきもの事典』監修（高橋書店）などがある。

著　者

小野寺 佑紀（おのでら ゆうき）

1980年大阪府生まれ。京都大学大学院アジア・アフリカ地域研究研究科修士課程修了。科学雑誌Newton編集部に勤務後、2011年からフリーランスのサイエンスライター。『ニュートン別冊　ビジュアル生物学』（ニュートンプレス）の執筆・編集・DTPを担当。

参考図書

『イラストでみる犬学』監修／林良博　講談社　2000年、『最新世界の犬種大図鑑』著／藤田りか子　誠文堂新光社　2015年、『ビジュアル犬種百科図鑑』監修／神里洋　緑書房　2016年、『ポプラディア大図鑑WONDAイヌ・ネコ』監修／ジャパンケネルクラブ（JKC）・アジアキャットクラブ（ACC）　ポプラ社　2015年、『イヌ どのようにして人間の友になったか』著・画／J・C・マクローリン　訳／澤崎坦　講談社　2016年、『東大ハチ公物語 上野博士とハチ、そして人と犬のつながり』編／一ノ瀬正樹・正木春彦　東京大学出版会　2015年、『カーミングシグナル』著／テゥーリッド・ルーガス　訳／石綿美香　エー・ディー・サマーズ　2009年

イラスト（第1章）

ながおか えつこ

大阪府生まれ。金沢美術工芸大学産業美術学科商業デザイン卒業。松下電工株式会社（現パナソニック）マーケティング部入社。広告制作、CI、社内刊行物、Web制作などを担当する。退社後、イラストレーターとして独立。「白泉社 MOEイラスト・絵本大賞」入選。パッケージ、挿絵、子ども向け教材など、あらゆる媒体へのイラスト制作を手掛けている。

イラスト（第2章、表裏見返し）

すみもと ななみ

横浜市生まれ。多摩美術大学グラフィックデザイン科卒業。広告代理店、制作プロダクションにてグラフィックデザイナーとして勤務。退社後、イラスト&デザインオフィス「スパイス」を設立し、子どもや女性向けの書籍、雑誌を中心にイラスト制作活動をしている。

イラスト（第3章、はじめに）

川崎 悟司（かわさき　さとし）

1973年大阪府生まれ。おもに古生物のイラストを手掛ける。2001年に古生物などを紹介する図鑑ウェブサイト「古世界の住人」を開設。おもな著書に『ならべてくらべる動物進化図鑑』（ブックマン社）、『未来の奇妙な動物大図鑑』（宝島社）などがある。

企画・編集・デザイン

ジーグレイプ株式会社

この本の情報は、2016年12月現在のものです。

なぜ？　どうして？　ペットのなぞにせまる

②とってもわんだふる！　イヌのひみつ

2017年2月15日　初版第1刷発行　〈検印省略〉

定価はカバーに表示しています

監修者　今泉　忠明
著　者　小野寺　佑紀
発行者　杉田　啓三
印刷者　田中　雅博

発行所　株式会社 ミネルヴァ書房
607-8494　京都市山科区日ノ岡堤谷町1
電話 075-581-5191／振替 01020-0-8076

©ジーグレイプ株式会社, 2017
印刷・製本　創栄図書印刷

ISBN978-4-623-07896-7
NDC480/40P/27cm
Printed in Japan

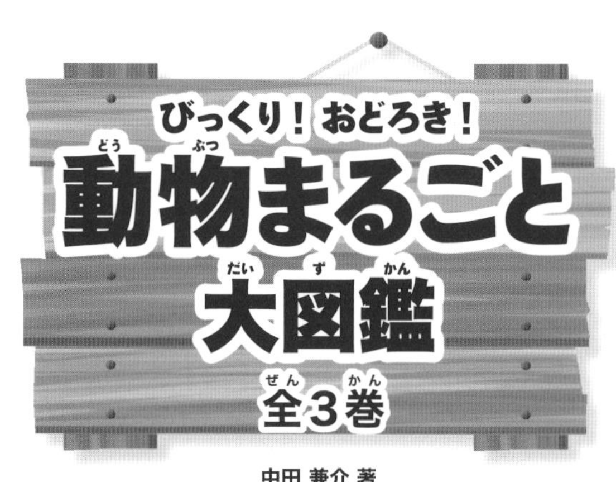

動物のふしぎなくらし・すがた・行動の意味や役割がよくわかる！

1 動物のふしぎなくらし

2 動物のふしぎなすがた

3 動物のふしぎな行動

27㎝　40ページ　NDC480　オールカラー　対象：小学校中学年以上

動物の生態や消化のしくみをウンコから学ぶ

1 草食動物はどんなウンコ？

2 肉食動物はどんなウンコ？

3 雑食動物はどんなウンコ？

27㎝　40ページ　NDC480　オールカラー　対象：小学校中学年以上

山や森、海や川、家やまちにいる猛毒生物がよくわかる！

① 山や森などにすむ　猛毒生物のひみつ

② 海や川のなかの　猛毒生物のふしぎ

③ 家やまちにひそむ　猛毒生物のなぞ

27㎝　40ページ　NDC480　オールカラー　対象：小学校中学年以上

もっと知りたい！

元気のふしぎ

ヒトの食べ物には、イヌにとっては毒になったり、
太りすぎにつながったりするものがあります。

イヌにとって毒になる食べ物

- チョコレート・ココア
- タマネギ・長ネギ・ニラ
- ブドウ・レーズン
- ガム・ハミガキ（キシリトール）

イヌが食べてはいけないもの

ヒトにとってはおいしい食べ物でも、イヌが食べると具合が悪くなったり、病気になったりしてしまうものがあります。

たとえば、チョコレートやココアをイヌにあたえると、はいたり、げりをしたりしてしまいます。最悪の場合、命を落とす危険があるので、絶対にあたえてはいけません。

家族や友だちがおやつのつもりで、イヌにとって危険なものを食べさせたり、ヒトのおやつを部屋の床にこぼしたままにしたりしないよう、注意しましょう。